孩子不开心、情绪易低落，怎么办？

MY FEELING BETTER WORKBOOK

[美] 萨拉·夏美勒 著
陈 超 译

辽海出版社

图书在版编目（CIP）数据

孩子不开心、情绪易低落，怎么办？/（美）夏美勒著；陈超译．--沈阳：辽海出版社，2014.12
ISBN 978-7-5451-3193-2

Ⅰ.①孩… Ⅱ.①夏… ②陈… Ⅲ.①儿童心理学②儿童教育-家庭教育 Ⅳ.①B844.1②G78

中国版本图书馆 CIP 数据核字（2015）第 004153 号

辽宁省版权局著作权合同登记：图字 06-2014-224
My Feeling Better Workbook: Help for Kids who Are Sad and Depressed

责任编辑：刘波
责任校对：汉风
装帧设计：杜帅

出版者：辽海出版社
地　　址：沈阳市和平区十一纬路 25 号
邮政编码：110003
电　　话：024-23284469
E-mail：dyh550912@163.com
印刷者：香河县宏润印刷有限公司
发行者：辽海出版社

幅面尺寸：170mm×240mm
印　　张：9.25
字　　数：100 千字

出版时间：2015 年 5 月第 1 版
印刷时间：2015 年 5 月第 1 次印刷
定　　价：29.80 元

目录

Contents

Contents

Contents

写给家长的话

A Note To Parents

抑郁是成年人最常见的心理问题，然而不幸的是，它在儿童和青少年之间也已经变得越来越普遍。不久之前心理学家才指出，抑郁症是不会发生在儿童身上的，但是现在我们知道了那是错的。据估计，有2%～5%的儿童和青少年会时不时地有些抑郁症的症状。

问题在于抑郁症体现在不同的孩子身上可能会有不同的症状，而且通常很难被发现。有些得抑郁症的孩子甚至看起来一点儿都不难过。抑郁症的症状包括：

- 逃课
- 饮食和作息习惯上发生变化
- 对很有兴趣的活动失去兴趣
- 和老师、家长有矛盾
- 绝望
- 优柔寡断、健忘、注意力不集中

对于有些孩子会得抑郁症而另一些孩子不会的原因至今还很难下结论。当然，一些特定的事件——家中有人去世、有人得了严重的疾病，或是父母离异——都能触发抑郁症。但是很多出现抑郁症症状的儿童并没有经历过这些特定的触发抑郁症产生的事件。

不管让孩子产生抑郁症的原因是什么，这本书中的活动都能为他们提供帮助。这些活动是以被大家广为接受的用来帮助孩子的治疗方法为基础设计出来的。它们将教给孩子一些重要的情感和行为技能，例如，克服消极的想法、沟通感情、期待一个光明的未来等。

被诊断出患有抑郁症的孩子应该经常去专业顾问和训练有素的医生那里做评估。对于表现出中度至深度抑郁症状的孩子，可能需要通过使用药物来使他们更快地减轻抑郁症状。然而，仅仅使用药物是不够的。尽管药物能使患抑郁症的孩子心情变好一些，但是他们依然需要学习这些情感和行为技能来帮助自己处理问题。研究表明，对于那些患有中度至深度抑郁症的孩子，最好的治疗方法就是使用药物治疗的同时结合情感技能的训练。情感技能的训练可以通过引导孩子参加本书中设计的活动来实现。

不管你的孩子是正在接受专业顾问的治疗，还是曾经接受过专业顾问的治疗，这本书中的活动都将帮助你巩固和加强孩子已经学到的那些技能。事实上所有研究表明，父母参与到帮助孩子解决心理问题的过程中来是使治疗取得成功的关键因素。

当你帮助你的孩子时，很有可能会遇到的一个问题，就是有些话题对于孩子来说很难启齿。如果你的孩子不想谈论这些话题，千万不要强迫他。让你的孩子放开心胸的最好方法就是自己做一个良好的榜样，涉及每项活动时谈谈你自己的想法、感觉和经验，对他强调你处理问题的积极方式。尽管你的孩子还是一言不发，你的话语也将会对他的行为产生一定的影响。

如果你能保持耐心并尊重孩子的意愿，利用这本书来帮助你的孩子绝对是正确的选择。如果你的孩子正在接受专业顾问的治疗，确保要和治疗师分享这本书中的秘诀。她可能会有其他想法，使这些活动获得最佳效果。

儿童抑郁症是一个严重的问题，但是我知道这本书将会为此提供帮助。你的耐心和理解将会改变一切。

作者敬上

写给小朋友的话

Introduction for Kids

亲爱的小朋友：

你好！每个人都会有感到难过和郁闷的时候。当我们疲惫、孤独或是失落时，自然就会产生难过和不舒服的感觉。这些感觉只是生活的一部分。

有时难过的感觉会经常出现，这是我们患了抑郁症。这意味着我们不再是偶尔感到一点郁闷或一点难过，而是难过的感觉在我们心中开始挥之不去。这时，我们就很难做到对人友善，很难安下心来学习，在家也不愿意做家务，有时想要玩儿得开心甚至也是很难的。

如果难过的感觉挥之不去，并让我们感到不愉快，我们就应该采取行动了。是时候让自己击败抑郁，快乐起来了。

作者

关于心情抑郁的一些事实

- 成年人和儿童都有心情抑郁的时候。
- 心情抑郁时我们会感到疲倦、伤心和难过。
- 你没做错任何事，或者说，不是你自己让自己变得抑郁的。
- 也许有一天你会感到非常郁闷，而第二天你就会感觉好多了。
- 有时心情抑郁过后，紧接着人们会感到精力充沛，或是感到“兴奋”。
- 心情抑郁时，不管是在家还是在学校，我们都会忽略一些重要的事。
- 心情抑郁时我们会觉得没人喜欢我们，或是会有别的不好的想法。
- 有时医生会说药物治疗对消除抑郁会有帮助。
- 你会感觉好一些，战胜抑郁吧！

活动2

关于心情抑郁的一个小故事

日复一日

艾米今天又感到很郁闷。她本来以为今天一定会是不同的一天，但却和之前一样。就这样日复一日，艾米还是感到很郁闷，想不到该做什么。虽然在学校的时间还算混得过去，但是在课堂上大部分时间她都不能集中精力，她的学习成绩开始落在同学们后面了。

在休息的时候，她不想去玩儿，而是宁愿独自绕着操场闲逛，或是盯着草丛中的不同颜色发呆。

爱丽丝是艾米最好的朋友。因为艾米不爱说话也不爱玩儿荡秋千，现在爱丽丝每天都会和罗伯特玩儿荡秋千。艾米真的希望爱丽丝和罗伯特过来邀请她一起去玩儿，可是她的朋友们以为她只想一个人呆着。就这样日复一日，艾米还是感到很郁闷，她想不到自己该做些什么。

第二天，艾米的妈妈问艾米下午想不想把自己的朋友请到家里来吃点小点心并一起玩儿。艾米心里想这应该很有趣，可是她却对妈妈说："随便，我无所谓。"于是整个下午艾米就独自度过了，她一直呆在家看电视了。

吃晚饭的时候，妈妈问艾米感觉怎么样，艾米对妈妈说："很好。"艾米吃完晚饭就去睡觉了，她希望明天能够感觉好一点。就这样日复一日，艾米依然感到很郁闷，不知道该做什么。

艾米是时候要击败抑郁来使自己变得开心一些了。

当日复一日，我们依然感到郁闷而且不知道自己该做什么的时候，我们就应该采取行动啦！

我们将通过谈论这种抑郁的感觉和尝试一些新的事物来击败抑郁。

这本书会给你提供不同的活动从而帮助你获得一定的技能让自己感觉好一点。这些活动都很有趣也很有创意。如果其中有你真正喜欢的活动，你可以重复它们，如果你想到了新的主意，还可以对它们进行改进。对于其他的活动尝试一次后就可以继续参加别的活动了。

活动3

日复一日……一个不同的故事

艾米今天早上感觉好了一些。起床后，她开始了日常基本的自我打理——刷牙、梳头发，然后穿上最喜爱的衬衫。她已经准备好去上学了！

日复一日，艾米在过去总是感到郁闷，但现在她正学习该怎么去做。

她已经有一周或两周在学习上有麻烦了。但是她现在知道了在学习上遇到困惑或是落后的时候要找老师来帮助自己。艾米的老师给她提供了很大的帮助。

在休息的时候，艾米也开始和爱丽丝和罗伯特玩儿荡秋千了。最近她还交了一些爱跳绳的新朋友。直到上周，艾米才第一次尝试去玩儿跳绳，之后她发现跳绳是她最爱做的事情之一。跳起绳来让她感觉很开心。

日复一日，艾米在过去总是感到郁闷，但现在她正学习该怎么去摆脱这种感觉。

艾米的妈妈主动提出要邀请艾米所有的朋友来家里吃披萨，并和她一起玩儿。艾米想了一下说："太棒了！我们明天请他们来玩儿吧，因为今天下午我想骑自行车。"

那天下午，艾米完成作业后就去骑自行车了，然后吃了一顿丰盛的晚餐。当她舒服地躺在床上的时候，她觉得很兴奋，期待着明天快点到来。

日复一日，艾米在过去总是感到郁闷，但现在她知道该怎么做了。

你有多郁闷

花一些时间思考一下你多久会感到悲伤或是郁闷。

你是每天都感到很悲伤或沮丧，还是只在某些时候会有这样的感觉？

一周有七天。一周里有几天你会感到郁闷？＿＿＿＿＿＿＿＿＿＿＿＿

你是一天里绝大部分时间都感到很糟糕，还是在某些时候会这样？＿＿＿

＿＿＿＿＿＿＿＿＿＿＿＿＿＿＿＿＿＿＿＿＿＿＿＿＿＿＿＿＿＿＿＿

写下一天里你感觉最郁闷的时间：＿＿＿＿＿＿＿＿＿＿＿＿＿＿＿＿

用蓝色的记号笔或是蜡笔给下一页的人像涂色，通过涂色表现出你现在有多么难过和沮丧。

活动4

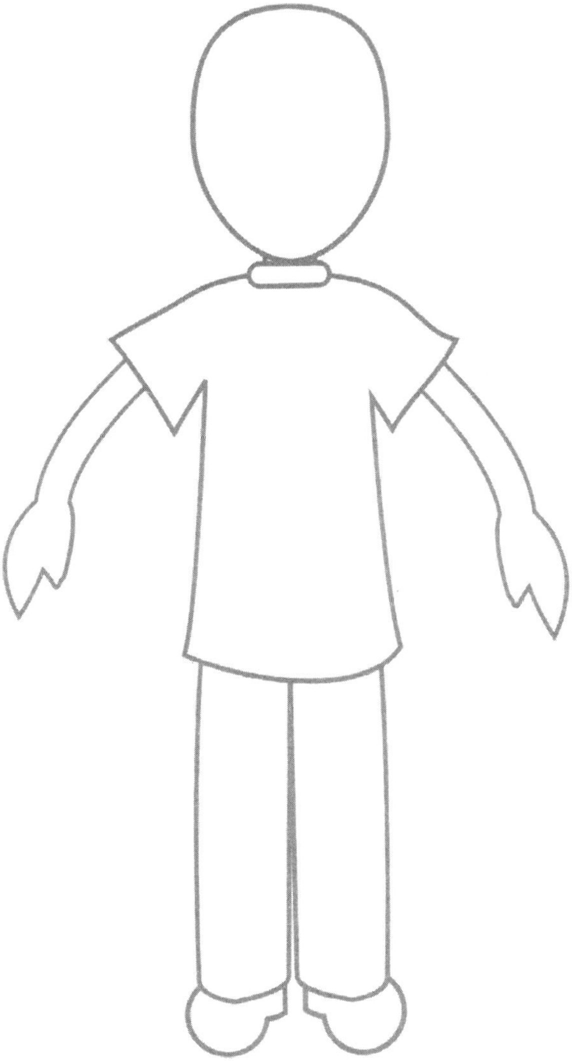

现在给这个人像添加其他的颜色来表现你除去悲伤之外的其他感觉。

确保你的感觉和你所涂的颜色相符。记住，这就是你现在的感觉或是你最近一段时间的感觉。随着感觉慢慢变化，你就会感觉好了很多。现在就让我们来给这个人像添加一些其他的色彩吧。

颜色和感觉图表

列出活动4绘图中出你用过的所有颜色。

写出与你所涂的颜色相关联的感觉。其中一种颜色可能会与几种不同的感觉联系起来。

颜色	感觉

确保要有蓝色。

我们用“抑郁（the blues）”这个词来形容人低落和沮丧的感觉，但是在

活动5

英语里“蓝色(blue)”一词还有别的意思。

列出对你来说所有能和蓝色联系在一起的感觉。

与别人谈论一下颜色和感觉。人们对于颜色和他们自己的感觉有很多想法。当你想要击败郁闷的感觉时，说出你自己的感觉是很重要的。

思想检查：命名我们的想法

让我们来做一个思想检查，看看在你的头脑中是否有些想法让你变得郁闷。在我们的头脑中关于自身我们都有一些想法。我们可能会认为自己是一个聪明、风趣或者帅气的人。但是也有时，我们可能会存在一些不好的想法，弄得自己很低落很消极。

为了让自己快乐起来，我们有必要找出那些困在我们头脑中的消极想法。

在下面写出你现在的想法。

活动6

你的想法是什么样的？

画一张脸表现出你现在的想法和感觉。

画一张脸表现出你难过时可能会有的表情。

我们每个人都有名字。当有人找你时，他们会叫你的名字，你听到后可能就会回答："我在这儿呢。"

既然你正学着找出那些能帮助你感觉好一些的想法，你应该将你的想法命名出来，以便于我们能找到击败抑郁的好方法。

那些能让我们感觉变好一点的想法叫做**"积极的想法"**（**或P+**）。

那些让我们感到很沮丧很消极的想法叫做**"消极的想法"**（**或N－**）。

接下来让我们练习给想法命名。用符号"P＋"或"N－"来给下面的这些想法命名。

我喜欢和我的朋友呆在一起。 ________________

没有人喜欢我。 ________________

我总是做错事。 ________________

今天我要尝试一些新的事情。 ________________

我已经尽了最大努力做这件事了。 ________________

我总是遇到麻烦。 ________________

我将通过寻求帮助来解决这个问题。 ________________

活动6

写出五种你的想法。

现在看看你写出的想法，用“P+”和“N-”将它们标记出来。

思想检查：自我对话

击败抑郁的下一步就是要思考一下我们自己的想法。

这对于我们来说不是那么容易，因为我们绝大部分人都是在不完全清楚自己想法的基础上思考问题的。我们头脑中会有一些想法是关于别人对我们的感受和我们对别人的感受的。

头脑中存在的对自己的一些想法对于我们来说很重要。在你头脑中存储的那些词和故事被称作“自我对话”。

“自我对话”是一个形容在你头脑中你对自己所说的一切的词语。它是关于你感觉怎么样，或者是关于你是怎么理解发生在你身上的事情的。

在下一页写下所有你现在正在思考的事情。看看你是否能够毫不间断，一直写五分钟。

活动7

在下面的横线上写下你头脑中正在思考的事情。或者你可以告诉一个成年人你现在正在想什么，让他或她帮你写下来。

思考想法和自我对话

观察下面的图画，并在自己的头脑中讲一个关于它的故事。

这时你正在和自己谈论这幅图画。你正在对自己说的关于这幅图画的话就是自我对话。

活动8

你只需在头脑中与自己谈论有关这幅图画的内容，不要尝试把它说出来，因为这时你正在学着如何去倾听你的自我对话。

你听到自己关于这幅图画说了些什么？

思考一下你对这幅图画的感受。

让自己了解这些感受。

你想要对这幅图画做些改动或是给它加上一些东西吗？

倾听你的自我对话，然后按照你所听到的对图画进行改动。

你可以画出一些别的你想在这幅图画中看到的东西，或是在上面添加一些你喜欢的颜色。

思想检查：倾听自我对话

“思想检查”这一部分将会帮你检验自我对话是会使你感觉好一些还是会让你更加郁闷和沮丧。

每天都会有很多事发生在我们身上。回想一下你每天或是一周里所有不同的经历。

在你经常做的事情前面划“√”。

______ 花时间和家人在一起

______ 和别人玩儿

______ 去上学

______ 看电视

______ 做运动

______ 听音乐

______ 自己呆着

______ 花时间和朋友在一起

______ 自己玩儿

______ 做别的事情（比如玩游戏）

______ 照顾好自己和自己的个人卫生

______ 去赴约（和医生、专业顾问）

______ 做家务

______ 做作业

在下面列出上面没有的你会做的其他事情。

______________________ ______________________

______________________ ______________________

______________________ ______________________

______________________ ______________________

活动9

从“思想检查”活动的前两部分，你学会了倾听自我对话。现在更重要的是倾听你对每周要做的事情的感觉。

花一些时间来思考你对每天和每周要做的事情的感觉。集中注意力去倾听关于这些经历你会对自己说些什么。这是你对自己的生活经历的自我评价。

每天都会有一些事很有趣，并让我们感觉很好。但是有些要做的事对我们来说就像艰苦的工作一样，要求我们要逼迫自己一下。

艰苦的工作不是什么坏事情，但是当我们抑郁时，我们通常会选择放弃。当放弃之后，我们就会感觉很不好，这时我们的想法和自我对话都会变成消极的。相反，当我们付出努力并感到很满足时，我们就会想要再尝试一次，这时我们的想法和自我对话就会变成积极的。

下面的练习会用到记号笔或是蜡笔。找出一种可以用来代表良好的感觉和积极的自我对话的颜色。

这种颜色是什么？（涂在框中）

现在找出一种可以用来代表你不舒服的感觉和消极的自我对话的颜色。

这种颜色是什么？（涂在框中）

再找出一种既可以代表积极的自我对话又可以代表消极的自我对话的颜色。

这种颜色是什么？（涂在框中）

参照16页你列出的自己经常做的事情的清单。倾听你的自我对话，并对你每天和每周要做的事情做一个思想检查。

使用你选出的颜色来标记你对于各个经历的想法和自我对话。

试着准确地找出能使你对所做的事产生良好感觉的因素。

什么帮助你产生了积极的想法，从而使自己感觉良好？

活动10

那不是真的

既然你已经学会了如何倾听自我对话，现在让我们来看看你的自我对话中的陈述是否正确。

我们将会看到有时我们对自己说的一些概述性的话语根本就是不正确的。首先我们先看看一些会导致我们言过其实的词语吧：

每个人　　　　　　总是　　　　　　从不

这些词被称作“绝对性的”词语。绝对性的词语意味着事物是极端的或是被夸大的。而我们做的很多事情不是极端的或是被夸大的。

阅读下面的句子，并判断它们是否正确。如果有些陈述很难被相信，你就可以说：“那不是真的！”

- 我总是玩电子游戏。
- 我从不看电视。
- 每个人都爱踢足球。
- 我总排在最后。
- 每个人的数学都比我学得好。

- 我从没落下过一次课。
- 我总是第一。
- 每个人都不选我。
- 我总是有麻烦。

在上面的句子中画出绝对性的词语。

现在去掉那些绝对性的词语，然后再去读这些句子看它们是否可能是正确的。

去掉这些绝对性的词语后，试着用别的词来表述这些句子。

让我们用这些绝对性的词语来造句吧。完成下面的句子。

我总是 ______________________________

我从不 ______________________________

每个人都 ______________________________

朗读你写出的句子并判断它们是否正确。

在上面的句子中画出绝对性的词语，并试着用非绝对性的词语来表述这些句子。

哪些句子最能表达你的想法和感觉？

当然，有时我们用绝对性的词语恰好能表达出我们的意思。但是有时当我们做思想检查或倾听我们的自我对话时，我们会得出这样的结论："那不是真的！"

活动10

画出你总是做的事情。

画出你从没做过的事情。

活动10

画出每个人都会做的事情。

画出你有时会做的事情。

活动10

画出某些人做的，但不是人人都做的事情。

每天鼓励一下：塑造美好的一天

用积极的想法去塑造你的一天

每个人每天都需要听到一些鼓励性的话语。能够听到别人对自己的鼓励固然很好，但是有时我们需要通过自我对话提醒自己，我们还有潜力，某事仍有可能。

当我们感到抑郁的时候，我们可能会忘记我们有很多天赋和优秀品质。你可以通过每天给自己一些鼓励来塑造自己的每一天。

大声说出下面列出的积极想法：

- 当我需要支持的时候我将寻求帮助。
- 我很友善而且我喜欢和别人呆在一起。
- 今天我将尝试一些新的事物。
- 我是一个好人。
- 我将记住自己的优点。
- 我为自己而自豪。
- 我真棒！

活动11

- 我每天都在进步。
- 我将会和一个可以吐露心声的人谈论我的感受。
- 对我来说最好的两件事就是 ________ 和 ________ 。
- 今天我会想想我最喜欢的颜色。
- 我将会记得别人对我说过的好的事情。

现在对你自己说这些话：

- 当我需要支持的时候我会寻求帮助。
- 我很友善而且我喜欢和别人呆在一起。
- 今天我将尝试一些新的事物。
- 我是一个好人。
- 我将记住自己的优点。
- 我为自己而自豪。
- 我真棒！
- 我每天都在进步。
- 我将和一个可以吐露心声的人谈论我的感受。

- 对我来说最好的两件事就是 ______________ 和 ________________ 。
- 今天我会想想我最喜欢的颜色。
- 我将会记得别人对我说过的好的事情。

再写出五个积极的想法。

1. ____

____

2. ____

____

3. ____

____

4. ____

____

5. ____

____

大声说出这些想法，然后在你的头脑中重复这些想法。

活动12

在地图上标出来：制定一个计划

想要战胜抑郁使自己快乐起来，我们需要制定一个计划。这就像你要去旅行之前，要先弄清你要去的方向和旅行中所需的物品一样重要。

我们要去哪里呢？——这时我们需要设定一个目标。

我们要怎么去呢？——这时我们需要制定一个计划。

我们将把这个计划在地图上标出来。

在这个活动中，你需要一个成年人帮你弄到一张地图。任何地图都可以。找到地图后观察地图上所有的马路、高速公路、湖泊、河流和城市。使用任何州的地图都可以，观察所有不同的道路和所有可能的选择。

在地图上选择这个州的一个城市，并核查所有能进出这座城市的方法。

现在，拿出记号笔、钢笔或是蜡笔，在下一页的地图上开辟一条从起点到其他某处的线路。这就是我们的计划：

选择一个起点，用“□”在地图上标出你选的起点，并涂上你喜欢的颜色。

接下来选择一个你想要去的地方，也就是你的目的地。用“☆”在地图上标出你的终点，并涂上你喜欢的颜色。

现在，你要选择一条从起点到目的地的路线。用你喜欢的颜色将你选择的路线画出来。你还可以根据自己的意愿在地图上添加其他的颜色或是其他你觉得需要的东西。

你想要去哪里呢？

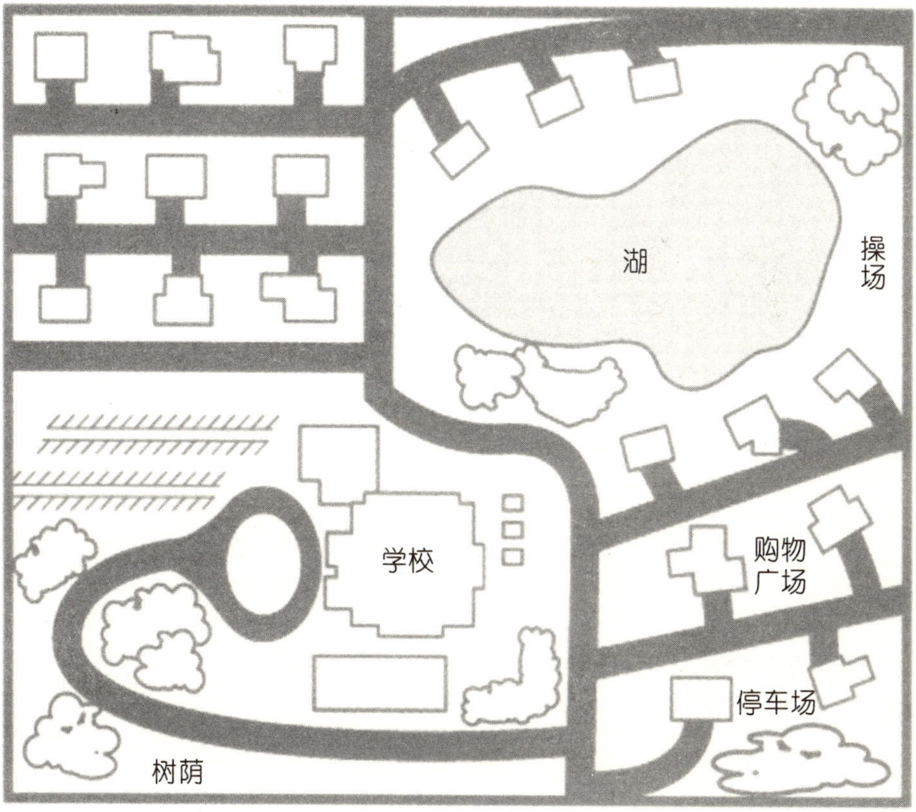

活动13

在地图上标出来：开始并继续下去

为自己制定计划和设定目标会很有趣。通常在郁闷的时候，我们很难开始做一件事，即使去做我们曾喜欢的事情也是这样，更何况去做那些我们根本就不喜欢的事情。

开始吧

想象自己要做下面列出的事。每件事都有一个起点。在列出的每件事后面各写出你认为在开始做这件事之前要先完成的事情。

骑自行车去你的朋友家。 ______________________

解决一道数学难题。 ______________________

交一个新朋友。 ______________________

想出两件你喜欢做的事，把它们写在下面的横线上。

1. ______________________

2. ______________________

在下面的横线上分别写出要开始做上面写出的两件事前你要事先做的准备。

1. ______________________________

2. ______________________________

继续下去

开始后，我们要找出一个方法继续做下去来实现我们的目标。在完成每件事时都会有很多步骤。我们看一下下面的例子：

1. 如果你想交一个新朋友，你就要先对他（她）说“你好”。

2. 然后你要对他（她）很友善。

3. 接下来你可以和他（她）谈论你们共同喜欢的话题。

4. 在交流过你们的共同爱好后，你可以邀请他（她）和你一起玩儿。

5. 最后你可以邀请他（她）去你家吃午饭。

如果想要交朋友，在开始之后还有很多事要做。但是这都是值得的，因为朋友对我们很重要。

你的行动

1. 在上面的例子中，用绿色的记号笔画出交一个新朋友首先要做的事。

活动13

2. 用黄色的记号笔画出开始之后你还要完成的其他步骤。

3. 用别的颜色的记号笔标出你对他（她）说“你好”的原因。

试着回忆一下你和你最好的朋友是怎么认识的？

1. 你们当时在做什么？

____

2. 谁先打的招呼？

____

3. 在下面的横线上写出你好朋友们的名字。

____

画出你和你最好的朋友。

活动14

在地图上标出来：为成功做练习

让我们练习制定计划和实施计划。

在下面，画出某个人正在做某件事的场景。你可以画那些自己比较感兴趣的事。如果你想要从杂志或是报纸上剪下一些图片粘贴在方框里也可以。

给你画的图画起个名字：______________________________

图画中这个人做这件事的起点是什么？

起点：______________________________

列出完成图画中这件事或是要达到目标需要的2～3个步骤。

1. ______________________________

2. ______________________________

3. ______________________________

复　习

我们来复习一下制定计划的几个步骤。

- 想出你要完成的任务或是要做的事。
- 找出完成任务的起点。
- 列出你要实现的目标所需的步骤。
- 完成这个任务，享受你的成功。

活动14

是时候制定一个计划来战胜抑郁使自己高兴起来了。

开始吧

参照下一页列出的目标。设定目标是一项很重要的技能，每个人都要有自己想要去实现的目标。尤其是当你想战胜抑郁让自己快乐起来时更需要设定好目标。

选择一项你想要获得或是提高的技能作为你的目标。这会对你有所帮助。

继续下去

实现目标的方法就是运用本书中的活动，并不断练习你获得的新技能。尝试这些新技能会很有趣。

举手击掌

当你实现了你的目标，一定要为自己感到自豪并对自己说："就该这么做！"让你的朋友或是爸爸妈妈和你举手击掌对你表示祝贺。

不断获得新的技巧

在实现一个目标后，我们还要设定更多目标。再设定一个新的目标并继续去获得新的技巧，你将会战胜抑郁让自己高兴起来。

战胜抑郁：目标清单

在你认为对你最重要的三个目标前面划“√”。

□ 建立自信

对交朋友、玩游戏和尝试新事物的能力自我感觉良好。

□ 富于创造力

善于表达你的个人风格以及对艺术、戏剧和音乐的真实感受。

□ 提高自控能力

提高对自己的思想和行为的控制能力。

□ 学会自我表达

了解你自己的感受，懂得如何谈论它们。

□ 动起来

通过运动使自己感觉好一点。

□ 了解自我

对自己了解更多一些。

□ 练习照顾自己

养成更多好的生活习惯照顾好自己。

活动15

□ 改善沟通

说出你的想法和感受。

□ 尝试新的解决问题的能力

练习去做一些正确的决定，找出成功解决问题的不同方法。

□ 设定界限

明白怎样设定界限，学会尊重别人的权利。

凡事有轻重缓急

能为自己设定目标并不断尝试完成新的任务是一件很令人兴奋的事情。现在让我们试着练习使自己在做这些事的时候变得更有条理，把最重要的事情放在前面。

目标规划

我的目标：我真的很想试着______________________________

____

或者

我的目标：我想要学会______________________________

____

第一步：开始要做______________________________

____

第二步：我要做的事情有______________________________

活动16

第三步：在我完成了这个计划后，我将会为自己感到自豪，因为我又具有了一项新的技能。

在下面画出你为自己感到很自豪的样子。或者你也可以将你的一张照片粘在上面。

回归基本：第一部分

基本的自我照顾

随着我们不断长大，我们学会了怎么照顾自己。每天我们都有一些常规的事要做，比如刷牙、洗澡、穿衣服、玩和吃饭。这些事情看起来似乎很简单，事实上却是很重要的。然而有时抑郁会让我们忽略这些事情。你是一个特别的孩子，这也意味着你每天需要给自己特别的照顾。这些事是你保持健康每天都需要做的。

活动17

狗狗的生活

让我们看看狗狗每天都需要什么来保持健康，然后考虑应该如何照顾自己。

例如，小狗需要妈妈给它洗澡，需要被妈妈喂养和保护。随着小狗渐渐长大，它将学会自己去做这些事，就像其他那些组成小狗健康快乐的生活的事情一样。

这是小狗日常基本需求的清单。

休息	洗澡
玩耍	和别的小狗玩
吃饭	被保护
觅食	学习技能

1. 用绿色的记号笔标出小狗可以自己完成的事情。

2. 用黄色的记号笔标出小狗只需要一点帮助就能完成的事情。

3. 用粉色的记号笔标出小狗完全需要通过帮助才能完成的事情。

随着小狗渐渐长大，它将学会自己去做越来越多的事情，但是它仍需要人类或是其他狗狗的帮助。

你最喜欢的动物是什么？______________________________

回想一次你观察它的情景。也许你最喜欢的动物是你的宠物或是你在动物园看到的动物或是你在书中看到的动物。

画出你最喜欢的小动物在做某事的样子，或是找出一幅你比较喜欢的关于小动物在做某事的图片。

1. 上图中的小动物在做什么？

2. 这只小动物每天都需要什么来保持健康？

活动17

3．这只小动物能自己完成这些事吗？还是需要帮助才可以完成？

4．这只小动物怎样将自己需要帮助的信息传达出去？

5．如果没有这些基本的照顾，这只小动物会怎样？

人类和动物有很多共同点。人类每天也需要照顾，基本的自我照顾是很重要的，所以不要错过每一天！

以下是一些日常基本事项的清单。试着找出一种新鲜有趣的方式来完成这件事，写在横线上。

起床 ____________________

刷牙 ____________________

洗澡 ____________________

穿衣服 ____________________

梳头 ____________________

吃饭 ____________________

休息 ____________________

整理卧室 ____________________

走路、跑步或跳跃 ____________________

玩儿 ______________________

生病后吃药 ______________________

花时间和家人在一起 ______________________

花时间和朋友在一起 ______________________

自己一个人呆着 ______________________

去睡觉 ______________________

这些事有哪些对你来说很容易？______________________

有哪些让你感到很无聊？______________________

有哪些事你不想去做或者刻意忘记去做？______________________

活动18

回归基本：第二部分

试试这个活动吧！通常我们都会先做我们喜欢做的事情，而不想去做那些我们不喜欢做的事情。试着先去完成那些你不喜欢做的日常事情，然后再去做那些你感兴趣做的事或是你觉得比较容易做的事。

你可以试着用一种不同的方式去做你不喜欢做的事情。例如，如果刷牙对你来说是一个负担，你可以在刷上面的牙齿时抬起一只脚，刷下面的牙齿时抬起另一只脚。现在应该明白怎样去做了吧。

做好每天的基本事项从而战胜抑郁并使自己快乐起来。

今天你做你的日常基本事项了吗？

日常基本事项记事簿

有一些基本事项我们不需要提醒就可以完成，这是很好的。在下面为你每天可能会忘记的基本事项列一份清单。

基本的自我照顾事项

早上……

____

____

____

____

下午……

____

____

____

____

睡觉之前……

____

活动18

照顾好自己的日常基本生活，战胜抑郁并高兴起来吧。

基本训练

“基本训练”在军队中通常是指士兵在参加战斗之前进行训练并从生理上和心理上同时为战斗做准备的过程。这个过程是很艰苦的，但是一旦这个过程结束，人们就会变得更强大，从而为参加战斗做好了准备。

现在让我们来参加我们自己的基本训练吧，然后去战胜抑郁，使自己高兴起来。

基本训练目标

积极一点，每天制定计划去做些运动，如走路、跑步、跳跃或跳舞。

指导自己

我们想要通过生理和心理上的训练战胜抑郁，因此我们应学会如何做一名教练。教练总是希望我们做到最好。当我们想要放弃的时候我们需要教练的支持和引导。在“思想检查”那部分我们讨论了自我对话。现在我们要练习一种新的自我对话——指导性自我对话。指导性自我对话能够指导我们行动，鼓励我们去完成工作。

以下是我们在指导性自我对话中需要对自己说的一些话：

我能做到。　　　　我现在做得很好。

活动18

让我们开始吧。　　　　　　开始行动。

做得不错。　　　　　　　　继续努力。

就这样做。　　　　　　　　继续下去。

在上面的句子中圈出你在基本训练过程中会用到的句子。

我们的身体能帮助我们抵抗压力和紧张，因此我们都希望我们的身体能够强壮和健康。为了保持最佳状态，我们需要运动，需要活跃起来。

你的运动风格是什么？

你对保持活跃有什么看法？浏览下面的三种运动风格，选出属于你的一种。圈出和你的运动风格相像的那一种。

1．慵懒型

这种类型的人不喜欢运动，不活跃。

2．运动型

这种类型的人喜欢运动，比较活跃。

3．忙碌型

这种类型的人总是不停地在动，一停下来就会感觉不舒服。

现在针对你自己的类型选择适合自己的目标。

以下针对不同类型的人的不同的目标：

慵懒型 …………… 目标：让自己动起来，变得活跃起来。

运动型 …………… 目标：保持活跃性，尝试新事物。

忙碌型 …………… 目标：保持活跃性，调节好自己的节奏。

在上面的目标中圈出你认为对自己最重要的。

接下来我们来看看下页的活动，尝试一种让自己保持活跃的不同的方式。

不要忘记使用指导性的自我对话。

活动19

我的动作

下面为参加锻炼提供了一种新思路。浏览下面的动作并思考哪些是你最喜欢的动作。

跳跃	扭动	走路	慢跑
小跳	大步行走	跳舞	摆动
扭动着走	快走	跑步	弹跳

站起来做做以上你喜欢的动作。

接下来，在你喜欢的动作中可以加入一些你自己的方式，例如：

鼓掌	打响指
做鬼脸	唱歌

这时你可以说："这是我的专属动作。"

让你的一个朋友或是家人也参与到其中。让他也做出他最喜欢的动作，这时你要仔细观察并模仿出他的动作。

和你的伙伴轮流创造出新的动作，并试着记住各自做出的动作。在做出的动作中加入一些别的不同的动作。之后你会突然发现，你已经能完成一套动作了，甚至能用这些动作跳舞了。

以组为单位

这个活动如果是一个有４～６个人的小组参加就更棒了。每个人说出自己的名字并做出一个动作。你能记住第一个人的动作是什么吗？

当叫到其中一个人的名字时，组中的每个人都要做出这个人的动作。

大步，小步

看一下你的脚。

我们的脚能带我们走向各个方向，还能帮我们实现目标。既然我们正在学习用新的方法来解决问题，那我们就用一种富有创意的想法来思考我们要战胜抑郁时需要采取的步骤吧。

下面的这些脚将要带着我们去不断取得进步。让我们用记号笔或铅笔或蜡笔给它们涂上颜色使其看起来比较独特吧。

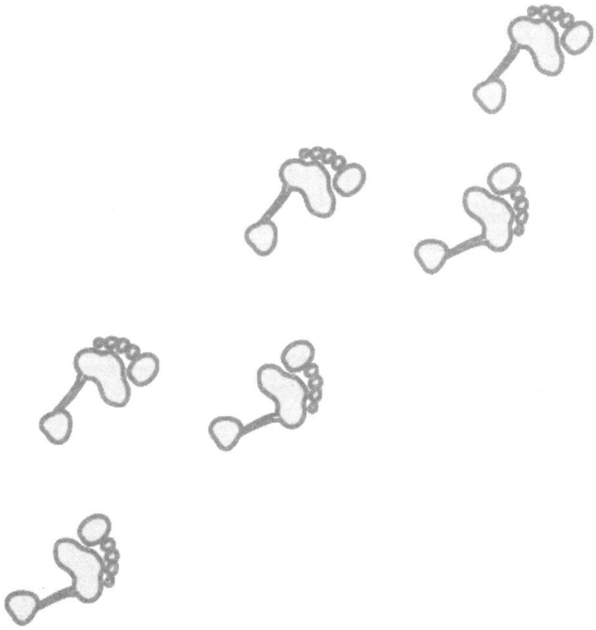

有些步骤很容易实施，我们称之为“一小步”。

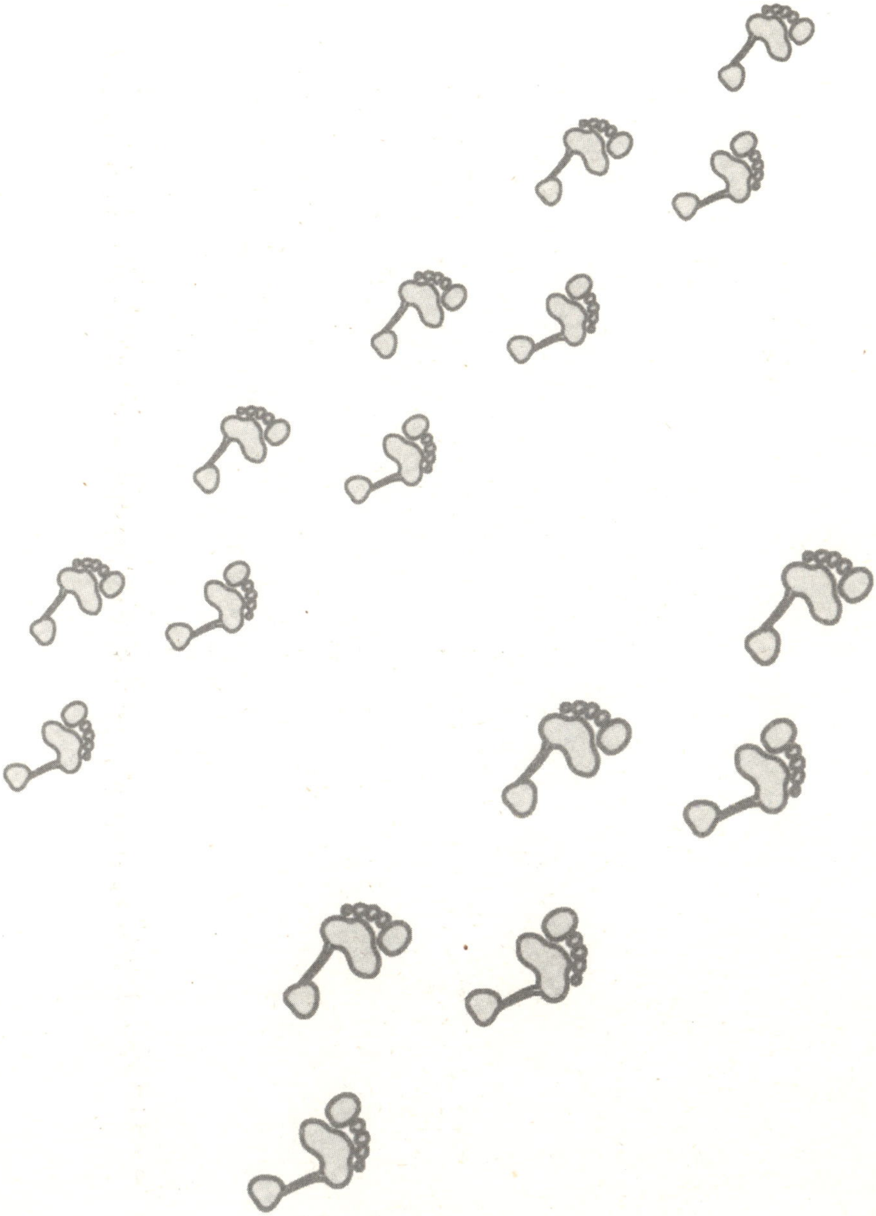

有些步骤不容易实施，我们称之为“一大步”。

活动20

关于战胜抑郁，我们已经说过要制定步骤去实现目标。我们已经学会了怎样去设定目标和如何列出我们所要实施的步骤。

现在我们要考虑一下我们所要实施的步骤的类型，因为针对不同的目标我们会使用不同的步骤。我们在前面已经谈了很多战胜抑郁的目标。

在下一页，我们来回顾一下我们之前设定的目标。

☐ 建立自信

对自己交朋友、玩游戏和尝试新事物的能力感觉良好。

☐ 富于创造力

善于表达你的个人风格以及对艺术、戏剧和音乐的真实感受。

☐ 提高自控能力

提高对自己的思想和行为的控制能力。

☐ 学会自我表达

了解你自己的感受，懂得如何谈论它们。

☐ 动起来

通过运动使自己感觉好一点。

☐ 了解自我

对自己了解更多一些。

☐ 练习照顾自己

养成更多好的生活习惯照顾好自己。

☐ 改善沟通

说出你的想法和感受。

☐ 尝试新的解决问题的能力

练习去做一些正确的决定，找出成功解决问题的不同方法。

☐ 设定界限

明白怎样设定界限，学会尊重别人的权利。

活动20

你已经掌握了很多处理日常基本事项的技巧，这些事对于你来说有些很容易，有些很难。

你也许已经实现了之前列出的一些目标，这将为你在日后的生活中提供一些帮助。

浏览一下所有的目标，判断一下哪些目标对你来说需要“一大步”才能实现，哪些需要“一小步”就能实现。在你认为自己已经完成的目标前面划“√”。

用彩色笔圈出你认为只需“一小步”就能实现的目标。

在你认为需要“一大步”才能实现的目标前画“☆”。

判断你最该从哪个目标开始。我们现在就开始吧。

要记住所有步骤都是很重要的，不管是需要一大步还是一小步。浏览这本书中所有的活动并从中选出你认为最有趣的一个，它将帮助你实现你的目标。

加油吧！试着去做一件对你来说要迈“一大步”才能完成的事情。你就会惊叹你有多么强的能力。

开辟一条路

有些时候，我们要做的事看起来似乎很难，这时我们就会想要放弃。我们可能就会说类似“算了吧”或是“做这些有什么意义呢”这样的话。

在下面方框里，画出一个人想要放弃做某事的样子。

活动21

当我们感到抑郁的时候，这种感觉就会影响我们的心情。

我们将通过开辟出一条道路的方式去摒弃这种感觉，从而战胜抑郁。

这个活动最好能在室外举行，这样便于走动。如果有必要在室内举行也可以。对于这个活动，你需要准备四件物品和两张纸。

- 在其中的一张纸上写上开始，另一张纸上写上结束。
- 准备四件物品，比如填充玩具、空纸箱或是球类。

第一部分

将写有开始的纸片放在一个地方作为你开辟的路线的起点。找一个地方作为路线的终点，不要和起点在一条直线上，将写有结束的纸片放到终点处。例如，如果你在房间里参加这个活动，你可以围着房间绕个大圈，然后折回去蜿蜒行进确定你的终点。

沿着你开辟的路线走一遍，试着记住它。

第二部分

现在将你准备的四件物品分别放在你开辟的路线的不同位置。它们将成为你从起点到终点的障碍物。如果你是一个不能轻易开始做一件事的人，可以在起点放置一件物品。

再一次沿着你开创的路线走一遍，在遇到障碍物的时候想一想要如何通过或要怎样解决这个问题。

在通过这条路线时有几种选择：

- 你想绕过障碍物吗?
- 或许你想把它捡起来带到终点。
- 也许你会从它上面跳过去。

做出一个富有创意的选择，走完你的路线。

你在实现目标的过程中遇到了怎样的困难，是什么阻碍了你?

把它们写下来：______________________________

____

____

怎样才能帮助你解决这些困难呢?

把它们写下来：______________________________

____

____

活动22

飞动的羽毛

使自己保持活跃需要几个要素：首先要开始去做，其次要清楚所需的步骤，最后还要能自我控制。自我控制就是说你要让大脑去支配自己的行为。例如，当你抬起单腿去跳的时候你就需要自我控制。这时你的大脑会给你的身体发出信号，支配它作出相应的动作。然后你的大脑和身体一起决定你要往哪儿跳和跳多久。

以下是需要自我控制的其他例子：

坐在学校里　　和朋友玩儿捉迷藏

聆听别人说话　　和别人谈话

写出三件需要自我控制才能完成的事。

1. ______________________________

2. ______________________________

3. ______________________________

有时要做到自我控制很难。例如，在玩儿游戏时我们很容易会忘记要按顺序进行，那是因为我们过于兴奋想要快点参加到游戏中去。

每天在很多情况下我们都要做到自我控制。当我们练习前面提到的自我对话和指导性自我对话时，自我控制会变得容易一些。

下面的句子能够体现自我控制：

我需要慢一点。	我会继续努力的。	下一个才是我。
我正在学着等待。	只要几分钟。	我走了。

在玩儿飞动的羽毛时思考一下体现自我控制的句子。

活动22

飞动的羽毛游戏

在玩儿这个游戏时，你需要一支吸管和一片羽毛。

说明

把羽毛放在吸管尾部，一半在外面。深吸一口气，吹一下吸管，羽毛就会飞离吸管的尾部。

你能通过不断向吸管里吹气保持羽毛一直在飞吗？

其实这很难控制。这需要高度集中，还要一直吹气才能保证羽毛不会掉落下来。

益处

在这个活动中不断吹气是有很大益处的。缓慢深呼吸对我们是很有好处的，在我们紧张时可以缓解我们的情绪。记住下次你感到很累或是很生气的时候就……呼吸。

有时你会想要多一些自我控制。

有时你会想要轻松一点，不要太紧张。

想象在那时候，说一些表现自我控制的话或是深呼吸。

你能做到的！

每日新闻

报纸会告诉我们很多信息，让我们知道世界上正在发生什么事。这是一份专门为你设计的报纸，因此把你的名字写在标题那儿，让别人了解你的世界正在发生着什么。

成为头条

将大标题都放在报纸的头版头条，因为这是关于现在发生在你身上的最重要的事情。

通常在报纸的头版新闻中都会附有图片。你可以在头条上画一些你喜欢的图画，或者是粘贴一张从杂志或是当地报纸上找到的图片。

内幕新闻

每一天都会和前一天有一些不同。有些日子很令人兴奋，有些日子会很无聊，有些日子我们喜忧参半。

活动23

你过得怎么样啊？你会和别人分享你现在的经历和感受吗？找一个合适的方法来让别人了解我们是很重要的。

- 报道一些别的新闻，包括你的朋友和家人的新闻。

- 不要忘记在新闻旁边加上你感兴趣的图片。

谢谢分享每日新闻！

头版

每日新闻

关于我、我的
家人和我的朋友们

在此处粘贴图画
或是照片

活动23

内幕新闻

每日新闻

在此处粘贴图画
或是照片

内幕新闻

每日新闻

在此处粘贴图画或是照片

在此处粘贴图画或是照片

活动23

内幕新闻

每日新闻

在此处粘贴图画
或是照片

开怀时刻

现在是时候来练习我们的沟通技巧了。我们和别人分享自己的想法以及聆听别人的话语都是在进行沟通。

在下面的横线上写出你家人的名字。

______________________ ______________________

______________________ ______________________

______________________ ______________________

找出每个家人擅长的一些技能。想象他们因自身的才能已经变得很出名了。你要做的就是采访他们来做一个特别的报道。

现在你要和你的一个家人玩“开怀时刻”这个游戏。用你能弄到的任何材料比如纸、磁带、粘土和橡皮泥等去做一个麦克风。如果你家有玩具麦克风或真的麦克风，就可以直接用了。

“开怀时刻”的意思就是说通过麦克风来沟通交流。把你自己想象成晚间新闻的记者，你的家人是一位具有才华的名人！你可以说任何你想说的话。

拿起麦克风开始采访吧。尽力让自己表现得像一个记者，同时要鼓励你的家人尽力把自己当做一个名人。

活动24

对别人说出你的想法和感受对你来说容易吗？

“开怀时刻”采访指南

你好！我是____________________，今天晚上我将带给你们____________________（家人的名字）的精彩故事。我们已经知道____________________具有杰出的__________能力。我们很想知道你的故事。请谈谈你自己吧。

仔细聆听你家人的回答，然后继续问他别的问题以尽可能多地去了解他。

访问结束后，和你的家人对换角色，让他访问你。

创造一个怪物

我们所有人都有感到害怕的时候。恐惧是一种强烈的感情，当我们遇到危险时就会感到害怕。但是有时我们会感到害怕是因为我们患了抑郁症，感到伤心沮丧。

当我们患抑郁症时，我们可以在头脑中创造一个怪物。我们把这个过程叫做“怪物假想”。

当我们明知道根本就没什么好害怕的，但却一直感到恐惧的时候我们头脑中就会假想有怪物存在。例如，我们有时候很怕黑。这时我们就会打开灯，看到一切是正常后才安心。这就是因为在黑暗中我们感到害怕，就在头脑中假想有怪物存在。

活动25

帮助解决怪物假想的问题

在这个活动中，你将学会：

- 正视你的恐惧
- 跟你信任的人诉说你的恐惧
- 学会如何让自己有安全感

我们将从正视自己的恐惧开始。在下面列出你害怕的事物。

列出你对怪物或恐惧的想法。

当你害怕时你的表情是什么样的？

在方框里画出一个人害怕时的样子。

活动25

这个活动将教会你如何控制自己的恐惧。

当我们难过或是害怕时头脑中就会创造出怪物。

怪物可能会长成什么样呢？

____

____

____

让一个成年人为你收集材料然后用它们创造一个怪物。

试着找到一些材料，例如纸、橡皮泥、粘土、胶棒、胶水、烟斗或是盒子之类的东西。发挥你的想象力，用这些材料做出一个怪物。你可以给你做的小怪物涂色、加上纽扣或是一些别的小饰物等，让它看起来比较特别。

以怪物为主角讲一个故事。

这样开始“很久很久以前，有只怪物……”

在下面的横线上，写出一个小故事，讲述怪物住在哪里，谁来控制这只怪物。

注意：你要操控这只怪物，因为是你创造出了它！创造怪物是你直面恐惧的一种方式。讲述怪物的故事是你跟别人诉说恐惧的一种方式。

活动25

感觉安全和被保护

我们每个人在伤心和害怕时都有一些办法让自己感觉好些。

在下面横线上，写出能带给你安全感和给你安慰的人和事。

____

____

____

写出三个你能够放心地和他谈论你的恐惧的人。

1. ______________________________

2. ______________________________

3. ______________________________

和别人分享你的恐惧，让他们帮助你走出困境。

在下面画出一个安全的地方。

活动26

自我标签

你在衣服、食品和玩具上都见过标签。许多孩子对玩具、食品和衣服的标签和品牌都很熟悉。标签标明了这个东西是什么，它是用来做什么的，它由什么组成等内容。通常，标签的作用是为了抓住你的眼球，引起你的兴趣。

找出一件带标签的物品。看看标签上写了什么？标签是什么样的？画出这个标签。

这个标签对这件物品的描述令人满意吗？只是通过标签你能知道这件物品是什么吗？你会对标签进行改动吗？如果你喜欢，你可以在上面的图画中做任何改动。

我的自我标签

让我们通过给自己贴标签来富有创意地描述自己。这个标签只能描述今天的我们，因为我们每天都在成长和改变。自我标签将包含以下内容：

- 我是谁
- 我喜欢做什么
- 我内心是什么样的或者我感觉怎么样

在下面空白处制作一个自我标签。

活动26

因为人们不戴标签，所以想办法找出一种方式以便能让别人知道真正的我们是什么样的，这很重要。我们可以练习和别人谈论我们喜欢的事物、兴趣爱好以及我们内心真正的感觉。

注意：有些人会去给别人“贴标签”或者认为他们不需要花费时间去了解别人就知道别人是什么样的人。描述我们自己和我们自身的感觉是一个好习惯，但是不要给别人贴标签。

小心警告标志

有些物品上会带有警告标签，为我们提供重要的信息防止意外发生。警告标志会告诉我们什么情况下会有危险，以防人们受到伤害。

警告标签甚至会出现在玩具上。你应该已经见到过它们了。这类标签会让你注意如何玩儿这些玩具以及什么年龄的孩子适合玩儿这些玩具。

你最喜爱的玩具是什么？

你看了玩具上的标签了吗？上面有没有警告标签？

这个玩具适合什么年龄段的孩子玩儿？

你的玩具需要特别的护理吗？或者说有没有特定的方法来玩儿这个玩具？

在什么状况下使用这个玩具可能是有害的？

玩具有时需要特别护理。当你让你的朋友玩儿你的玩具时，你最好告诉他们一些基本原则，如应该怎么玩儿以及怎样对待你的玩具。

当我们感到抑郁时，让别人知道我们需要特别的关怀是很重要的。有时候我们因为一些小事整天都感到很难受。抑郁会让我们感到疲倦和难过。这就是一个警告标志。这时我们需要让别人知道我们被一些小事儿缠住了，需要他们帮我们重回正轨。有些感觉就是警告标志，在它们第一次出现时我们就可以学会去辨认它们。

阅读下面的小故事，看看你是否能从中找出警告标志。

“哎呀，疼！”

一天梅根起床后感到很困倦很疲惫。她不知道为什么自己睡了一晚上还是感觉这么累。噢，该去上学了，她开始刷牙、梳头、穿衣服。因为没有一件衣服看上去很合适很好看，所以梅根感到很沮丧。

当她穿裤子的时候，她的手指不小心被拉链夹了一下。梅根心想：“哎呀，疼！”然后吃早饭的时候，妈妈催促梅根：“快点，不然要迟到了。”梅根想要尽快吃完早餐却不小心咬到了嘴唇，因为她吃得太快了。她说：“哎呀，疼！”妈妈说：“快点，我们要走了。”

梅根从椅子上跳出来，冲过去拿自己的书包，不小心腿撞到了椅子上，她叫道：“哎呀，疼！”妈妈说：“我们马上就走。”

梅根坐到车里，妈妈送梅根去上学。一路上梅根都没和妈妈说话。

这时梅根感到很难过很疲惫。梅根到学校后就去教室了。在大厅里，她的好朋友戴恩跑过来跟她打招呼。因为戴恩跑得太快了撞到了梅根身上，差点把梅根撞倒。梅根想说：“哎呀，疼！”但是她已经说不出话来了，因为她哭了。戴恩不明白为什么，就问梅根：“你怎么了？我不是故意的，只是不小心。”

老师走过来，劝梅根别哭了。老师提醒梅根今天还有很多功课要做，现在要开始学习了。

警告标志

梅根的第一个警告标志是什么？

她本应该把自己的感受告诉谁？

她本应该对妈妈说什么？

妈妈本应该说些什么或做些什么去帮助梅根？

梅根可以对戴恩说些什么或做些什么来解决他们之间的问题？

梅根要如何从老师那里获得帮助？

活动27

什么样的感受对你来说是一种警告标志？

你能对谁谈论这些感受？

什么能帮助你感觉好一些？

你有没有注意到梅根是个很勇敢的女孩，她努力要使自己重回正轨。她只是需要一些帮助。她没注意到警告标志对她的提醒：她需要别人的帮助。

注意那些警告标志，一旦出现，告诉别人你需要帮助。

冻结与变暖

你是否注意到有时你会感到非常郁闷，之后你就会感觉好多了？通常有一些情况会让我们感到紧张和有压力。

应激情况

情况会涉及到我们去的地方、做的事情和我们周围的人等各种因素。每天都有很多不同的状况组成。通常我们都会感觉很好，但是某些时候、有些地方、某些东西或某些人会制造压力，使我们变得失去理性。正是压力让我们感到紧张。有时遇到应激情况，我们就会感到很沮丧。这时我们就需要通过一种方式让别人知道我们的感受。

下面这个游戏将会帮你练习在身处应激情况时应如何说出自己的感受。也会帮助你认识到如果去除压力后感觉会有什么变化。

让一个大人和你一起玩儿这个游戏。

在这个游戏里只需要一张纸巾和一杯冰水。将冰水想象成压力。

把你的手指放到冰水里直到它变冷，这大概需要30秒，然后手指从冰水中

活动28

移出。

现在想出尽可能多的词语来形容你手指的感觉。

当然，会感觉冷。除了冷还有没有其他的感觉？

等手指感觉暖起来要用很长时间吗？

就像浸过冰水的手指一样，当我们脱离应激情况或是说出自己的感受后，我们的感觉会发生改变。

识别你的应激情况。分别写出让你感到紧张和失去理智的地方、东西和人。

地方	东西	人

识别能帮助你变活跃或是感觉变好的事物。分别写出让你感到安静和放松的地方、东西和人。

地方	东西	人
______	______	______
______	______	______
______	______	______
______	______	______
______	______	______
______	______	______
______	______	______
______	______	______
______	______	______
______	______	______
______	______	______

下次如果再遇到应激情况，记住远离压力你就能感觉好起来（就跟将手指从冰水中拿出后就会变暖一样）。而且，如果你和别人分享自己的感受，这会让你更快地恢复好心情。

活动29

对我来说这是一个谜

有时我们会有些神秘的难以言表的感受。我们能感觉到它的存在，但却不能准确描述出来。有时一种感受会被隐藏，有时也会被别的感受覆盖。

我们能找出隐藏的感受，识别它们并谈论它们，那样我们就能战胜抑郁，高兴起来。

让我们做个游戏来解释为什么被隐藏或被覆盖的东西不容易被识别。

这个游戏叫“对我来说这是一个谜”。

以下是你需要的物品清单：

- 4～6个小的棕色纸袋
- 4～6个有趣的不易破碎的能被藏在小纸袋中的物品
- 扎口袋的绳子

你或另一个人将收集的小物品藏在纸袋中。

你现在要把小物品藏起来，把它们放到口袋后用绳子把袋口扎好。把口袋递给另一个人，让他隔着口袋去摸并猜里面装的是什么。

给他几次机会去猜口袋里的物品。

可以注意到，不管一件物品对我们来说是多么熟悉，一旦被隐藏了或是遮盖了，我们都很难猜出它是什么。如果猜不出它是什么，我们就可以说：“对我来说这是一个谜。”要想知道口袋里面装的到底是什么东西，只能是朝里边看或是寻求帮助。

活动29

在下面列出的感受中找出对你来说不易被认识或察觉的。在它们前面画“√”。

担心	爱	悲伤	高兴	生气
困惑	幸福	关心	伤害	愚蠢
充满希望	恐惧	友好	紧张	有罪恶感
沮丧	疲惫	孤独	精力充沛	贫穷

圈出你会隐藏在内心的感情。

有时找出被隐藏的感觉需要我们付出很大的努力。当你发现自己有这样的感觉时，找一个你喜欢的人，对他倾诉你的这种感受。

身体语言

看看下一页的人形轮廓。

回顾你在上个活动中检查过和标记出的感受。

这些感受会出现在你身体的哪个部位?

例如，当你感到疲惫时，你身体的哪部分感觉最明显?

在下一页的右边写出两种对你来说神秘的感受。

在左边写出两种对你来说会隐藏在内心的感受。

分别给这几种感受赋予一种颜色。

用这些颜色分别标记出它们各自出现在你身体的哪一部位。

画出脸部。这个人的面部表情能体现他现在的感受吗?

既然你已经了解了这些感受存在于你身体的哪一部分了，你就可以聆听你自己的身体语言了。通常在我们隐藏一种感受的时候我们会有头痛或是肚子痛等不舒服的感觉。当我们意识到我们的身体在说话时，就能释放这种感受了。这样，我们很快就会好起来。

活动30

失物招领

你曾经丢过东西吗？你一定丢过吧。

你丢过什么？________________

你找到它了吗？________________

你感觉怎么样？________________

向别人讲述你丢失一样东西，后来又找到它的经历。

活动31

画出你曾经丢失的一样东西。

当我们丢掉一样东西后，会感到很难过。我们会到处去找这件东西。通常我们还会找尽可能多的人来帮助我们寻找。当我们找不到它的时候，我们难以接受就这样失去它的事实，还会一天天、一周周甚至一个月一个月地找下去。这会令人很难受，在失去一样东西后我们会需要一些时间来调整自己的心情。通常是如果你能够找回自己本以为丢失的东西，你就会放心，会感到很高兴，感觉很美妙。

抑郁症让我们觉得我们丢失了说出自己的感受的能力。我们将要找回我们的声音，说出我们的感受。此时可以邀请别人一起帮你战胜抑郁。

活动32

找出词语

找到正确的词来形容我们不舒服的感觉。通常在别人问“你好吗”的时候，我们的回答是“我很好”。

然而当关心我们的人问这个问题时，我们不妨用正确的词语来告诉他们我们的真实感受。

下面我们来玩儿一个游戏吧。这是所需的物品清单：

- 10～20张索引卡或是纸片
- 记号笔、钢笔或是铅笔

在每张索引卡上写出一个形容你的感受的词语。

下面列出了一些这样的词语。你可以自己添加一些别的类似的词语。

兴奋的	难过的	高兴的	疲惫的
孤独的	友好的	紧张的	冷静的
失去理智的	愚蠢的	感兴趣的	幸运的

可爱的	被忽略的	沮丧的	充满希望的
好奇的	受宠若惊的	内疚的	满意的

自己添加一些类似的词语。

______ ______ ______ ______

______ ______ ______ ______

邀请一个成年人和你一起玩儿这个游戏，他负责将这些卡片藏在房间不同的地方。

卡片被藏好后就到了你去“找出词语”的时候了。找到能够形容你现在的感受的词语。

当你找到一张卡片时，看看卡片上的词语能不能形容你现在的感受。如果不能，就继续寻找下去直到找到你认为能表现你现在的感受的词语为止。

这个活动将教会你如何清楚地表达出自己的感受。

有时我们需要让别人知道我们想要被别人关注，需要别人的倾听和理解。

当我们抑郁的时候，我们可能就不会说出自己的真实感受。然后我们就会觉得很孤单，被忽略了。但是我们周围的人根本就无法读懂我们的心思或是明白我们真实的想法，除非我们清楚明白地告诉他们。

下面，我们来看看需要表达出自己真实想法的一些重要时刻。

活动32

- 当我们受到伤害的时候
- 当我们遇到危险的时候
- 当别人遇到危险的时候
- 当我们感到迷惑的时候
- 当不好的情绪烦扰了我们很久的时候

嘿，听着

让我们来练习说出自己的感受吧。在这个活动中你需要的是从中间卷起的硬纸板。这将发挥一个小喇叭的功能使你的声音变大。

把小喇叭（硬纸卷）拿到嘴边说……

嘿，听着！我现在感觉________________________________

不要担心刚开始你会笑出来或是感到很别扭。一直练习下去直到你充满自信、明确清晰地表达出你内心的感受为止。

活动34

我最喜爱的

我们每个人都有喜欢和不喜欢的事物。我们会更喜欢某些人、某些地方和某些东西。

你是一个很特别的孩子，你的想法和观点都很重要。

当我们感到抑郁的时候，记得那些让我们感觉舒服的事物是很重要的。我们最喜欢的倾诉对象和我们休息时最喜爱的那个枕头都可以帮我们感觉好点。

在下面，写出你最喜爱的事物。

我最喜爱的人是：____________________

我最喜爱的地方是：____________________

我最喜爱的东西是：____________________

思考一下你最喜爱的人、地方和东西的特点。是什么让你觉得他们很特别？

花些时间去享受你最喜爱的一切，并和别人分享这一切。你还可以邀请别人和你分享他最喜爱的事物。

和别人比较一下喜欢和不喜欢的事物。保持一个开放的心态或许可以使你发现其他一些你可能喜爱的东西。

活动35

奇怪的鸟

我们来谈论一下会让我们感到奇怪的一些时候吧。当我们遇到应激情况或是感到紧张的时候，就会有这种奇怪的感受产生。

我们将学会用一种新的方式来处理这种感受直到它消失为止。

这个活动能轻松诙谐地展示给我们奇怪的感受是什么样的。同时我们也能学会怎样去释放这种感受。

利用108页上的图片，或是用其他材料自己创作一只奇怪的鸟。

富于创意地去创作一个“奇怪的鸟”的形象。

在你创作完这只鸟后，想出5～10个词来描述它。把这些词写在下面。

这儿给出了一些形容奇怪的事物的词语：

怪异的	酷	野蛮的	独特的
不同的	古怪的	奇怪的	自由奔放的

你有没有注意到当我们用这些词来描述这只奇怪的鸟时，它看起来已经不那么奇怪了。

完成句子：我感觉自己像只奇怪的鸟。当时______________________

____

____

____

____

____

____

____

____

当你再有奇怪的感受的时候，回想一下这只奇怪的鸟和你用来形容它的词语。很快你的这种感受就会不见了，你就能开心起来了。

活动35

信号：停止，放慢，行动

我们每天都要做的事情是受很多规则限制的。有一些限制是外界或其他人给我们设置的；也有一些是我们自己设置的。在这个活动中，我们将会讨论怎么将我们的底线告诉其他人，这样即使我们周边围绕着其他人，我们依然会感到安全和舒适。

我们运用词组“边界”来表示一条线或者说是一个限制。例如，如果在你的院内为你的宠物狗设置了一个围栏，那么这个围栏就是小狗的边界。围栏限制了小狗可以活动的范围和距离。这个围栏（或叫做边界）将一些东西关在了里面，同样也将另外一些东西挡在了外面。

用油笔、铅笔或者是记号笔为右边的物体建立边界。决定其中的一些物体是在同一个边界里，还是他们每一个都在你设定的不一样的边界里面。或许，你还可以为某些边界设置一些可供进出的门。

用一条虚线来表示一个可以被穿越的狭窄边界。

活动36

我们个人的边界就是那些我们给自己和他人设定的底线。

我们需要制定一些个人的边界，为的是我们在跟其他人交谈和游玩的过程中，能够感觉轻松一些。

为了建立你个人的边界，第一步就是要找出在跟其他人接触和交往中，你感到舒适的底线。

- 找一位成年人帮助你。
- 让他站在离你两大步之外的地方。
- 对于这个距离，你的感受怎样？能够进行交谈吗？
- 现在，跟他的距离变为一个手臂的长度。
- 对于这个距离，你的感受怎样？跟一个距离你一个手臂之远的人进行交谈，感觉怎么样？

跟亲密的朋友或者家人在一起的时候，我们可能会紧靠着坐在一起或者握着对方的手，但是前提是我们对于他们都非常熟悉而且也不介意亲密的呆在一起。

当你和他人在一起的时候，什么是你最喜欢的安全区或距离？

两大步距离　　　　一个手臂的长度　　　　非常近

确认你自己在不同场合下的安全区，然后练习如何让其他人明白你的底线或者边界。

思考下面的这些状况然后挑出你自己的舒适区域。

两大步距离　　一个手臂的长度　　非常近

和朋友在一起游玩的时候______________________________

跟家人聊天的时候______________________________

结交新朋友的时候______________________________

我们可以向别人发出一些信号来使他们了解我们的个人边界。

停止的信号可以用来告诉他们我们不需要进一步的接触。

停止信号适用的人群：

- 我们想保持距离的一些人
- 我们不想认识的人或者是陌生人
- 让我们感觉不舒服的人
- 和我们第一次见面的人

缓慢信号是给那些同我们处在一个恰当的距离，并在安全区内同我们进行交流的人。缓慢信号包括与人握手和轻拍别人的后背。

活动36

缓慢信号适用的人群：

- 我们认识和喜欢的朋友
- 家庭内的一些成员
- 在学校内交往的同学或老师

行动信号就是为亲密的家庭成员和老朋友准备的。他们是我们非常愿意拥抱和握手的朋友。

行动信号适用的人群：

- 我们非常熟悉的人
- 家庭成员
- 亲密朋友

危险区

我们已经了解到我们的安全区能够帮助我们感到安全并处于我们的控制之下。

当我们处于安全区的时候，我们可以管理自己的行为和情感。

当我们感觉自己无法控制，已经快要爆发的时候，我们已经来到了危险区。

在我们日常的活动中，有很多的方法来辨别这种危险。下面是一个关于危险信号的小列表。

- 那些标有“警告”和“危险”的指示标
- 警报器
- 警铃
- 指示灯

你能够举例列出其他预示着危险的事物吗？

______________________ ______________________

______________________ ______________________

活动37

很显然，很多时候我们都会明显地感觉到我们自己有些失控，而且我们每一个人也都明白什么样的感受会把我们带进危险区。例如，有些人被开玩笑的时候，可以一笑而过；但有些人在被开玩笑时，会表现得非常生气。这会使他们感到情绪失控。对于玩笑所带来的气愤可能会把这个人带到危险区。

看看下面的情况列表，然后圈出任何一个对你来说可能是危险区的情况。

感觉被忽视

感觉被误解

感觉被排除在外

感觉被其他人嘲笑和玩弄

感觉被打击

感觉劳累

将其他对你来说属于危险区的情况列出来。

我们可能无法经常避开我们的危险区，但是我们可以尽力准备好面对它。

事先计划和作好准备

找一位有经验的成人帮助你完成这个活动。

从前一页被圈定的危险区中或你所列出的危险区中挑选出一个。

想象一下：你自己正处在这个危险区中，然后讲述一个故事。要尽可能详细地描绘出这种境遇是如何开始的以及你的感受是怎样的。

活动37

现在，让我们为这个故事提供三种不同的结尾，以便你可以使用自我控制保持镇静。如果你不小心落到了危险区，那么你就和帮助你的成年人一同提出几种有益于解决这种困境的想法。

请在下面列出你的故事结尾。

1. ______________________________

____

____

____

2. ______________________________

____

____

____

3. ______________________________

____

____

____

将你列出的其他危险区活动也按照上面的步骤重复练习。

如果我们准备好了，情绪的危险区根本就不是一个问题。

这可行吗

解决问题的一种方法就是不断去测试不同的方法是否可行。

测试的过程被称为“尝试错误法”。意思就是说一旦形成了一个想法，这个想法就会被用来测试是否可行。有时，如果有人有了新的想法，别人会问他：“这个可行吗？”

人们很少在第一次尝试时就成功。在“测试”后人们会做些改动，改动完后继续测试。这个过程将持续下去直到我们找出一个好的方法。

通常人们因为怕出错，不愿去尝试。

也许一个本应该可行的方法测试后没能如我们所愿，会令我们感到很沮丧。当我们郁闷时，我们会因为害怕失败而让自己沮丧，甚至会选择放弃尝试。

思考一下你感觉沮丧时是什么样的。让我们来看一些令人沮丧的情况。

- 我的老师因为我连续两天忘交作业感到很生气。
- 妈妈说要给我买我最爱吃的零食，可她因为太忙给忘了。
- 我的朋友放学后给我打电话，但是我当时没在家。

活动38

在这些情况下我们就可能会感到沮丧。当我们感到沮丧时，我们就又有解决问题的机会了。这时我们可以用“尝试错误法”来帮我们解决这个问题。下面是针对上面的情况提出的一些解决方法。

- 明天用彩色便笺把忘交的作业和其他作业标记在一起提醒自己。
- 把空的零食盒子放到橱柜上，提醒妈妈买零食。
- 给我的朋友打电话为漏接了他的电话向他道歉。

每个方法都是处理沮丧情绪的好方法。但是这都要经过尝试后才知道。

“尝试错误法”是一个解决问题的很好方法。

叠一只纸飞机，如果你不会的话，可以让别人教你怎么叠。这只纸飞机能飞吗?

在叠好纸飞机后，把它拿到一个安全的房间或是到室外去试验一下它的飞行能力，让飞机用不同的方式飞，看看哪种方式最好。

现在对纸飞机做些改动，添加一些东西或是去掉一些东西。例如，试着用胶水给纸飞机添上一些带子或线。看看这样改后飞机是不是飞得更好了。你甚至可以给飞机加些小饰品、亮片或是羽毛。或许你想给机翼加些装饰或是在机头上粘些带子。

不断在你的纸飞机上尝试不同的想法并问自己：“这个能飞吗?”做几个不同的纸飞机，尝试不同的折法。怎样做才能让它飞得最好?

下次再感到沮丧的时候，想出一个解决办法并问自己；“这可行吗?”

全家福

家庭生活是我们生活中的重要组成部分。每一个家庭都是独一无二的，有她自己的特点和个性。现在，让我们思考一下，想想你自己的家庭成员以及是什么让你的家庭变得如此特殊的?

在下面的空白处，用铅笔、圆珠笔或者记号笔创作一幅全家福。

活动39

在下面将你家庭中每一位成员的名字都写下来。

你知道你的家庭成员的年龄吗？如果你知道，在他们的名字旁边写下他们的年龄。

你曾经有过宠物吗？把宠物的名字与家庭成员的名字写在一起。

为你家庭中的每一位成员挑选一个颜色。

在女性名字的旁边，用你为她挑选的颜色画一个圆圈；在男性名字的旁边，用你为他挑选的颜色画一个正方形。

用不同的线来表示家庭不同成员之间的关系。

- 用直线表示家庭中你会同他们谈论你的感受的成员。
- 用曲线表示家庭中你很少跟他们谈论你的感受的成员。
- 用虚线表示家庭中那些你从不跟他们谈论你的感受的成员。
- 用其他线条表示其他的家庭成员。
- 用一个大圆圈将所有的家庭成员圈起来，并且以你喜欢的方式来涂色。

活动39

我们已经看了你的家庭成员间的联系，也确定了你家庭中可以跟你谈论你自己感情的成员。

当你的心情感到有些抑郁的时候，要记得这些联系并将你的感情同他们分享。

如果你需要一些帮助来谈论你的感受，请查看前面的活动：

活动24　开怀时刻　　　活动32　找出词语

活动33　嘿，听着　　　活动34　我最喜爱的

那些关心你的人都愿意帮助你，但是如果你不跟他们分享的话，他们就不可能知道你真实的感受。

将你的想法和感受跟其他人分享，让自己的心情变得更好，你就能打败那些郁闷的事情。

动物面具

观察动物是一件非常有趣的事情。他们拥有很多能够帮助它们自身在野外生存的能力和技巧。

好好想想这个世界上的所有动物。选出你敬佩和喜欢的一种动物，然后用其特点去描述你自己。________________

将这个动物的技巧和能力列出来。举个列子。这个动物是跑得很快还是游得很快呢？ 是友好的还是凶恶的呢？

动物特征 ________________ ________________

________________ ________________

________________ ________________

你最喜欢这个动物的哪一点？

____

____

这个动物最大的优势是什么？

____

____

活动40

在危险中，这个动物会用什么来保护自己呢？

____

____

用下一页的面具样式制作一个动物面具。

运用丰富的想象力和创造力在这个面具上添加颜色、条纹、圆点和羽毛。

你希望你的动物拥有什么样子的能力和技巧呢？

想象你拥有跟你的动物一样的强势和能力。

你可以把面具复印下来，然后用绳子或者胶棒将它粘起来，这样你玩的时候可以就戴上它。

这个活动对于整个家庭来说，都是非常有意义的。让家中的每一个人都来参加这个活动吧。

活动41

很多面孔，很多感受

想象你看到一个人在微笑。

他看上去会是怎样的呢？

____

____

____

____

画一个满脸微笑的人。

想象你看到一个人正在皱眉和哭泣。

他看上去是怎么样的呢？

____

____

____

____

画出人们皱眉和哭泣时的样子。

想象你看到一个人正在听一个好故事。

他看上去会是怎样的呢？

____

____

____

____

画一张一个人正在听一个好故事的面部表情的图画。

想想你看到一个人正在准备吃午饭。

他看上去会是怎样的呢？

____

____

____

____

画一个准备吃午饭的人的样子。

活动41

看着镜子里你的面部表情。

你此时的感受是什么呢？

画出你此时的面部表情。

再看一遍你画的图画，想象一下这些面部表情还可以引申出其他什么感受呢?

对于每一个表情，都用两个其他的感情词来描述。例如说，对于第一张在微笑的面部表情来说，你可能会说那个人非常开心和高兴。其他的表述这张图画的词可以有“兴奋”“希望”和“愉悦”。

这个活动提醒我们，对于我们看到的很多的面部表情，都是可以用很多的感受来表述的。

通常我们认为，通过观察可以了解他人的内心想法和感受。因此我们也理所当然地认为他人通过观察我们的面部表情也会得知我们的感受。 要让其他的人知道我们的感受是十分有必要的。

活动42

财富之轮

记住一些我们曾经经历过的美好时光能够帮助我们度过很多艰难的时刻。

下面的活动将会告诉我们，拥有家庭、朋友和美好的时光是多么令人感动和幸运。

我的闪光点

将美好的时光和回忆写下来。

我曾经有过的最好的时光是________________

我最好的朋友是____________　____________

我喜欢的大人是____________　____________

学校中最好的事情是________________

我的家中最好的事情是________________

其他的闪光点是＿＿＿＿＿＿＿＿＿＿ ＿＿＿＿＿＿＿＿＿＿

将你的闪光点填到下面的财富之轮中的空白处。

首先，把你的名字放到圆圈中间。

然后，在靠近你名字的年轮的其他空白处，填写上你的一个好朋友或者是你真心喜欢的大人的名字。当然也要包括那些令你感到很开心和快乐的活动和记忆。

最后，用铅笔、记号笔或者是蜡笔在你的财富之轮上，按照你的意愿涂上颜色。

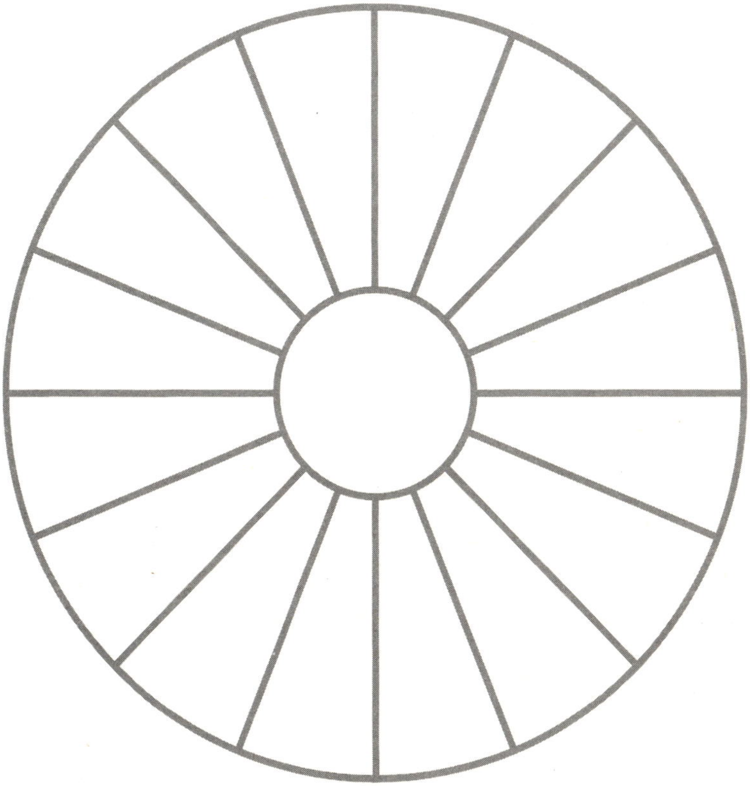

活动43

彩色的世界

在我们的心情变得抑郁的时候，那些日子都是非常沉闷和灰暗的。

将这些灰暗赶走，创造一个全新的彩色的世界！

在下面的空白处，画一个属于你自己的世界。这幅画要富有创造力，还要充满你的个人风格。如果你有绘图材料，用一个大尺寸的纸张来画画。用记号笔、彩色铅笔和中性笔来为这幅画增添更多的色彩。

美化你的世界

你最喜欢什么颜色？用你最喜欢的颜色在下面的横线上写下来。

____

在你的画中，有没有运用这种颜色呢？

写下三个跟这个颜色相关的感情词语。

____

____

从你的画中再挑出其他两种颜色，并写下三个跟它相关的感情词语。

颜色：______________　颜色：______________

感受：______________　感受：______________

______________　______________

______________　______________

注意每天围绕在你身边的颜色，找出你最喜欢的颜色，然后告诉其他人。

享受你的多彩世界吧！

活动44

梦想之椅

花一段时间来思考你自己的梦想和希望。展开你的想象，将你所想象的未来世界画成一幅画。在此基础上将你自己添加在你的家人和朋友身边；然后，添上你喜欢做的事情。

下面是一把梦想之椅。画一幅你坐在梦想之椅上的图画，然后在椅子的周围画上你一直梦想拥有的美妙事物。

将这幅梦想之椅一直带在身边，鼓励自己实现自己的梦想！